写给中国儿童的百科全书

中国儿童太空百科全书

刘鹤 著

山东科学技术出版社
·济南·

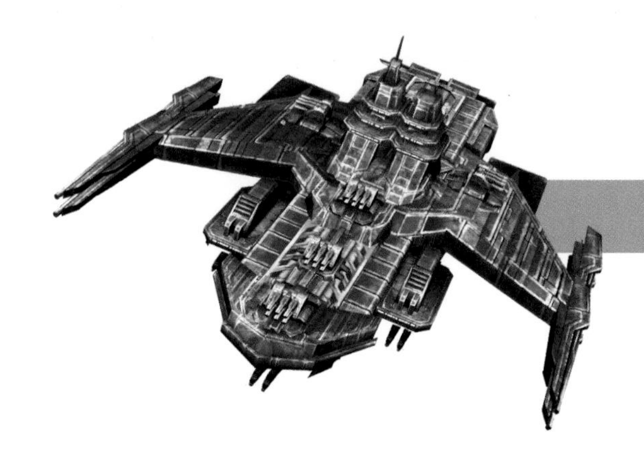

目录 CONTENTS

仰望夜空，我们能看到什么？

晴朗的夜晚，仰望星空，我们可以看到一轮明月、闪烁的恒星、轮廓模糊的星云，以及相对于星空背景有明显移动的行星；有时还可以看到一闪即逝的流星、拖着长尾的彗星。

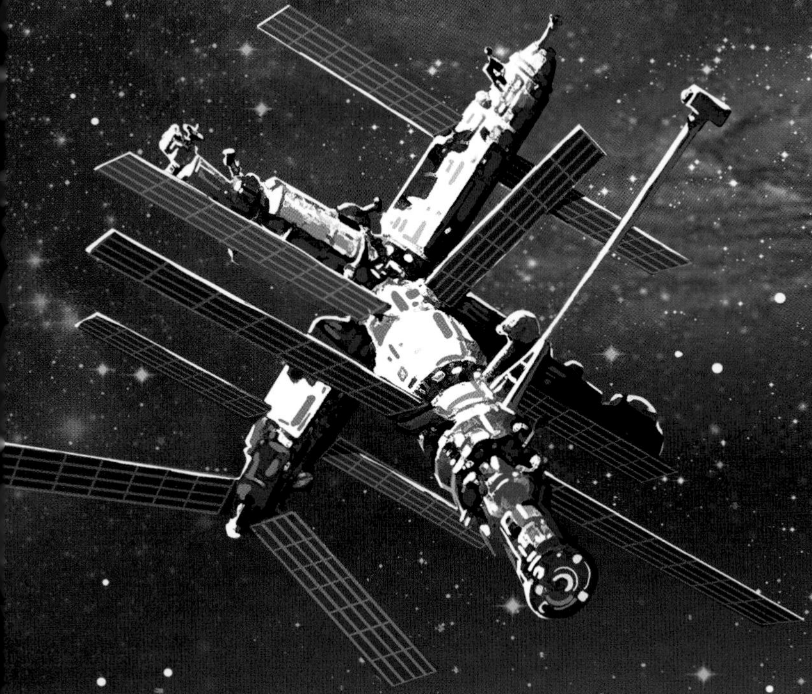

太阳晚上去哪里了？

太阳晚上落到地平面下方了。

天上到底有多少颗星星？

天上的星星数不清，据天文学家调查我们凭肉眼可以看到6000多颗。

从地面垂直向上穿过大气层，就进入太空了。

星星有颜色吗？
星星的颜色和表面温度有关，温度高的星星呈蓝色或白色，温度低的星星呈红色。
古希腊天文学家依巴谷将肉眼可见的星星划分成6个等级。其中，1等星最亮，6等星最暗。
星星会相撞吗？
每颗星星都有自己的运行轨道，一般情况下不会发生碰撞。
为什么星星都喜欢眨眼睛？
星星的光亮要穿过大气层才能来到地面，大气不停地流动，星星的光亮在地面上看来就变得一闪一闪了。

宇宙到底有多大?

宇宙无边无际，它的范围已经远远超出了人类的想象。对于人类来说，地球已经相当大了。但在宇宙中，地球就如同一粒小小的尘埃。

宇宙是怎样诞生的?

人们推测，今天的宇宙诞生于约 137 亿年前的一次大爆炸。

宇宙中的星系究竟有多少个?

科学家根据哈勃太空望远镜拍摄到的图像推算，宇宙中至少有 2 万亿个星系。

宇宙还在继续膨胀吗?

宇宙仍然在不断地膨胀，体积也变得越来越大。

太空和宇宙有什么关系？

宇宙是万物的总称。它在时间上没有终点，在空间上也没有尽头。宇宙涵盖了太空。

光年是天文学上常用的表示距离的单位。1光年指的是光在宇宙真空中直线传播1年的距离，约为94605亿千米。

宇宙中也有“岛屿”吗？

宇宙中的每一个“岛屿”都是一个庞大的星系。

光在1秒钟内可以绕行地球7圈半。

银河系是一条河吗？

银河系可不是一条河，它是由密密麻麻的恒星聚集在一起而形成的。从地球上看，它仿佛是一条银白色的长河，所以人们把它叫作“银河系”。地球和太阳都属于银河系。

银河系是由什么组成的？

银河系包括几千亿颗恒星和大量的星团、星云，还有各种类型的星际气体和星际尘埃。

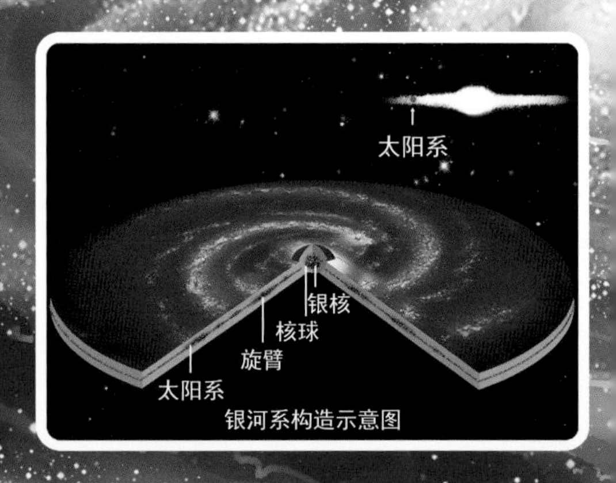

银河系构造示意图

银河系有多大？

银河系的直径大约为10万光年。

银河系有多大岁数了？

天文学家推测，银河系的诞生比宇宙稍晚，其年龄大约为136亿岁。

为什么银河系是扁的?

天文学家推断，在引力作用下，一团物质会向中心收缩，且在不同方向上，收缩的强度不完全相同，银河系也是如此。当这种收缩达到一定程度时，就停止了，这样就形成了一个很扁的“盘”。

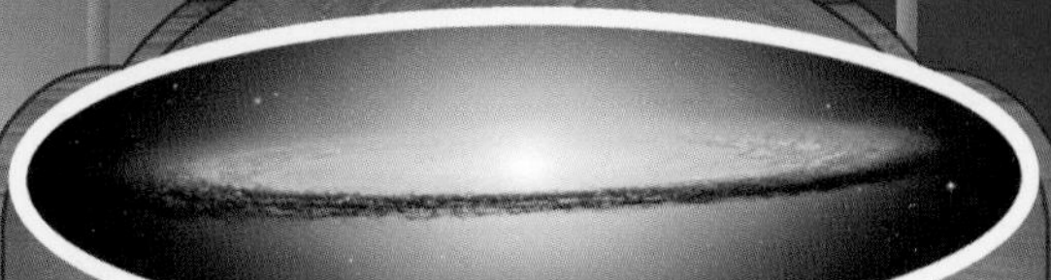

太阳系以250千米/秒的速度围绕银河系中心旋转，旋转一周大约需要2.5亿年。

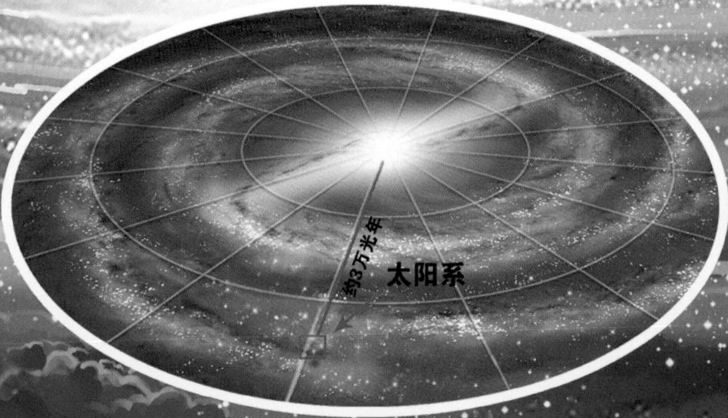

太阳系离银河系有多远?

太阳系与银河系中心的距离大约为2.61万光年。

一艘宇宙飞船若以光速飞行，需要10万年才可能穿越整个银河系。

太阳系是怎么形成的？

据说，大约在 46 亿年以前，大量的尘埃和气体聚集在宇宙空间里，不断旋转，形成了一个庞大而炽热的圆盘，圆盘后来变成了我们熟悉的太阳。原始太阳诞生后的遗留物质，也慢慢凝聚成了各种天体，太阳系就这样形成了。

人类可以在太阳系除地球外的其他星球上生存吗？

在太阳系中，目前还没有发现像地球这样适合人类居住的星球。

太阳系有几颗大行星？

太阳系有八大行星：水星、金星、地球、火星、木星、土星、天王星和海王星。

谁是太阳系八大行星中最亮的行星？

在太阳系的八大行星中，金星是最明亮的一颗。

太阳是太阳系的中心天体，占有太阳系总质量的 99.86%。

太阳系在银河系中处于什么位置?

太阳系位于银河系螺旋翼内侧的边缘，距离银河系中心大约3万光年。

冥王星为什么会从太阳系大行星中被“开除”?

因为冥王星的体积和质量太小，不能清除自身运行轨道上的其他天体。

太阳是一动不动的吗？

太阳并不是一动不动的，而是会绕着银河系中心旋转。其他的恒星也一样，它们不光会动，而且还动得特别快。由于恒星总是在不停地运动，所以星座的形状总是在不停地变换。

离地球最近的恒星是哪一颗？

离地球最近的恒星是太阳。

恒星会消亡吗？

会的。恒星和地球上的生物一样，也会经历产生、发展、消亡的过程。

什么是恒星？

恒星是由炽热气体组成的，能自己发光的球状或类球状天体。

恒星都有名字吗？

不是所有的恒星都有名字，一部分恒星被人发现并被命名，才会有名字。

恒星为什么会发光？

恒星内部温度非常高，发生核聚变反应时会释放出巨大的能量，从而发出可见光。

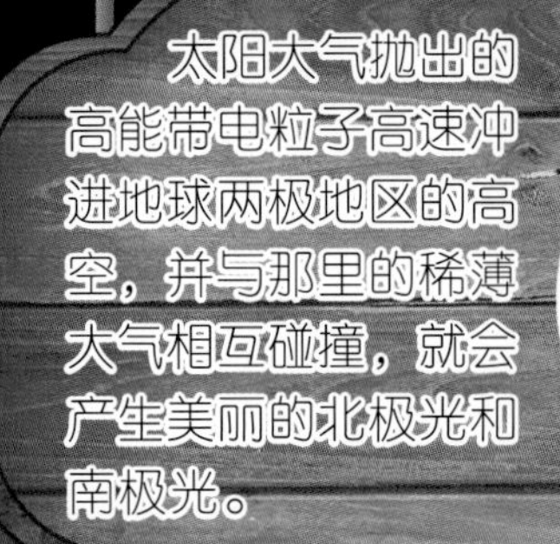

太阳的年龄究竟有多大?

太阳大约 46 亿岁。

向老年迈进，开始膨胀

太阳也会“死亡”吗?

会的。太阳经过红巨星阶段后，将坍缩成一颗白矮星，然后慢慢消失在黑暗里。

太阳距离地球约 1.5 亿千米，即使是最快的光，从太阳发出射到地球上也得 8 分钟左右。

• 为什么太阳总是从东方升起向西方落下？ •

地球除了绕着太阳公转以外，还会自西向东自转。站在地球上看太阳，我们会感觉到是太阳自东向西围绕着地球旋转，即太阳从东方升起向西方落下。

太阳的温度有多高？

太阳的表面温度约5500℃，这样的温度足以熔化一艘宇宙飞船。

白矮星

红巨星

太阳脸上的“黑斑”是什么？

是黑子，它是太阳表面因温度相对较低而显得“黑”的局部区域。

太阳有多大？

太阳的体积相当庞大，如果它是空心的，大概需要130万个地球才能将其填满。

行星为什么不会发光？

行星通常指自身不会发光，且环绕着恒星的天体。为什么行星不会发光呢？这是因为行星内部的温度比恒星内部的温度低很多，所以它们自身是不会发光的。

行星有多大？

一般来说，行星的直径在 800 千米以上。

地球在太阳系八大行星中处于什么位置？

按照距日远近，将八大行星由近及远排列，地球排第三。

我们用肉眼可以看到哪些行星？

在太阳系内，我们肉眼可见的行星有水星、金星、火星、木星和土星。

目前，人类已发现了 5000 多颗太阳系外的行星。

卫星是围绕行星运行的天体，月球就是地球的卫星。月球本身不会发光，但它会反射太阳的光，因此我们能看到月球的光亮。
行星的周围有光环吗？
有些行星的周围有光环，比如木星、土星等就有漂亮的光环。
行星有多重？
一般来说，行星的质量在 5×10^{16} 吨以上。

为什么水星上没有水？

水星可不是一颗充满水的星球。它上面根本没有液态水。水星的位置距离太阳非常近，表面温度可以高达350℃。即使原来有水，那些水也已经变成水蒸气了。

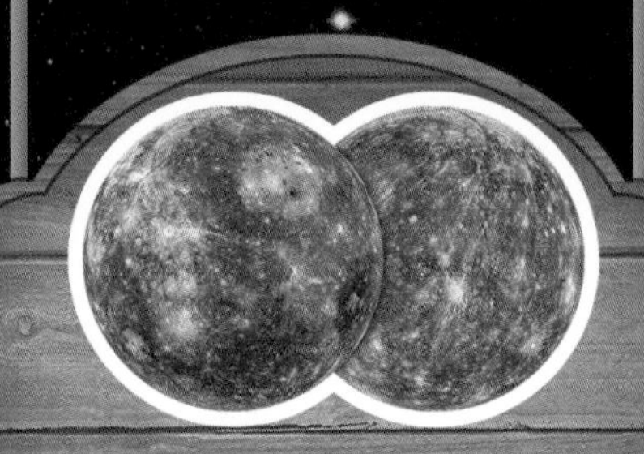

水星是太阳系里最小的一颗行星，也是八大行星中离太阳最近的一颗星球。

为什么说水星的天空是漆黑的？

水星没有大气层，无法反射太阳光，因此无论白天、夜晚，它的天空都是漆黑的。

为什么中国古代称水星为“辰星”？

水星非常靠近太阳，白天在太阳光的照耀下通常看不见。一般在凌晨可以看见，所以古人称水星为“辰星”。

水星只需要 88 天时间就能围绕太阳旋转一圈，因此，水星上一年只有 88 天！

水星上有环形山吗？

有。水星表面有大大小小的环形山。

水星是明亮的星球吗？

不是。水星是太阳系中比较暗的行星。

水星真的是“飞毛腿”吗？

水星是太阳系八大行星中“跑”得最快的一颗星球。

为什么金星有多个名字？

金星是在地球内侧运行的行星。它有时会运行到太阳的西侧，有时会运行到太阳的东侧。我们看到金星的时候，不是在清晨就是在傍晚。人们把出现在清晨东方天空中的金星称为“启明星”，把出现在傍晚西方夜空中的金星称为“长庚星”。

金星适合生物生存吗？

与地球外形相像的金星严重缺氧，也没有液态水，不适合生物生存。

为什么说金星是地球的“孪生姐妹”？

金星和地球的结构有许多相似之处。

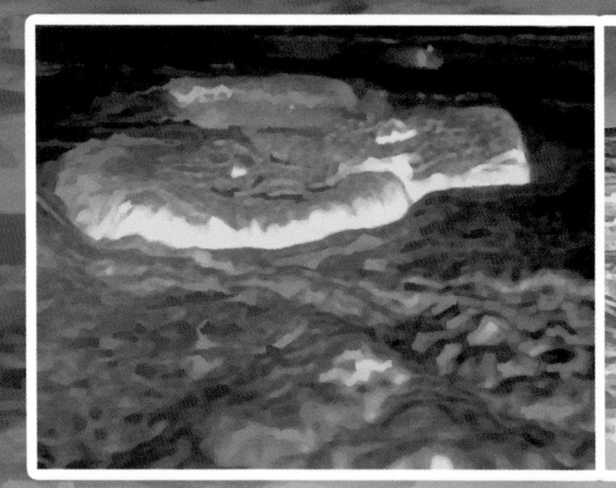

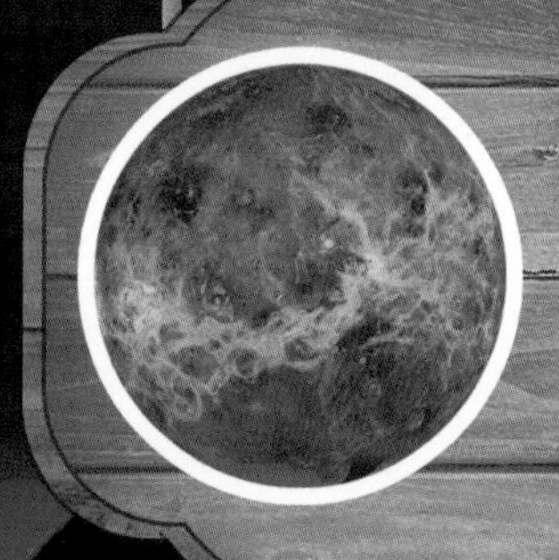

金星的自转方向是自东向西。在金星上看日出和日落，会发现太阳是从西边升起，从东边落下的。

金星是天空中最亮的行星吗？

是的。天空中最明亮的行星就是金星。

站在金星上看太阳与站在地球上看太阳有什么不同？

站在金星上看太阳，会感觉太阳比站在地球上观看时大很多。

什么是“金星凌日”？

当金星运行到太阳和地球之间，金星就像一个小黑点从太阳表面缓慢地划过。

金星比天狼星（天空中除太阳外最亮的恒星）还要亮 14 倍。

为什么我们感觉不到地球在自转？

地球围绕着太阳公转时，自己也在不停地自转。可是，为什么我们感觉不到地球在转动呢？这是因为地球上的所有物体都跟随着地球一起转动，我们无法用眼睛看到地球之外的景物变化，失去了参照物，我们就完全感觉不到地球在转动。

在太阳系的八大行星中，地球是唯一一颗适合生物生存和繁衍的行星，是包括人类在内众多生物的家园。

地球究竟有多大岁数了？

地球大约 46 亿岁。

地球上为什么会出现四季变化？

随着地球的公转，世界各地在一年中的不同时间，接受阳光照射的情况不同，从而形成了春、夏、秋、冬四个季节。

人会从旋转的地球上掉下去吗？

不会。地球引力吸引着地球上的所有物体。

地球有磁场吗？
有。地磁北极处于地球南极附近，地磁南极处于地球北极附近。
地球是方的吗？
不是。地球是一个两极稍扁、赤道略鼓的不规则球体。
海洋的面积约占地球表面积的71%，因此从太空中看地球，地球是蔚蓝色的。

火星是因为有火才叫火星吗？

火星的名字里有“火”字，但它实际上并没有火。在火星的土壤中含有丰富的铁元素。当铁元素和氧气发生反应以后，会形成红色的氧化铁，把火星装扮成一颗红色的行星，所以人们用“火星”来称呼它。

火星上有峡谷吗？

有。火星上的峡谷除了由水和火山活动形成的，还有由地壳张裂形成的。

火星有自己的卫星吗？

火星有两颗自己的天然卫星：火卫一和火卫二。

火星上的一年约等于地球上的两年。你在地球上的年龄 ÷ 2 = 你在火星上的年龄。

火星离地球有多远？

火星是除金星之外离地球最近的行星，它和地球最近的距离约为5500万千米。

火星上有生命出现吗？

目前没有。火星的世界很荒凉。

火星上曾经发生过火山喷发现象吗？

发生过。奥林帕斯山是火星上的一座盾状火山，高度超过27千米。在几百万年的时间里，从火星内涌出的熔岩不断堆积，最终形成了这座山。

为什么说木星会成为第二个太阳？

有些天文学家认为，木星几十亿年后或许会成为第二个太阳。虽然木星的体积没有太阳那么大，但是木星会慢慢扩大，内部的氢会变成氦，释放能量。附近的行星也会被木星吸引，围绕木星旋转。这个过程和太阳的形成过程非常相似。

“木星冲日”是指地球、木星在各自轨道上运行时，与太阳重逢在一条直线上。

木星有多少颗卫星？

目前已知木星有 79 颗卫星。

木卫一是一颗红色的卫星吗？

不是。木卫一是一颗明黄色的卫星。它的明黄色源自地表 400 座活火山喷出的硫黄。

木星上的大红斑是什么？

木星上的大红斑是一股巨大的旋风，其风速可达 400 千米/时。

木星围绕太阳运行一周需要 12 个地球年，如果你出生在木星，每 12 个地球年才能过一次生日！

土星的光环为什么有时会消失？

站在地球上看土星，会发现土星的光环有时会消失。这是因为土星的光环很薄很薄。当光环倾斜的时候，我们可以看到它们。当光环竖起来的时候，就很难看清它们，仿佛光环消失了一样。

土卫六是有大气的卫星吗？

土卫六是土星最大的卫星，它的表面覆盖着浓厚的大气层。

土星的光环是一个整体吗？

不是。土星有多个光环，每一环都是由无数条细环组成的。

土星的光环是由什么构成的？

土星的光环是由冰、少数的岩石残骸以及尘土构成的。

土星是一颗扁扁的星球吗？

土星是太阳系行星中形状最扁的一个。

1610年，意大利天文学家伽利略观测到在土星的球状本体旁有奇怪的附属物。1659年，荷兰学者惠更斯认证出这是土星的光环。
土星有很多卫星吗？
是的。目前已经确认的土星的卫星有82颗。
土星的密度是所有行星中最小的。如果有水，土星能在水中漂浮呢！

• 为什么说天王星很“懒”？ •

在天文学家眼里，天王星是一颗很“懒”的星球。其他的七大行星都是站立在自己的轨道上旋转的，只有天王星是躺在公转轨道的平面上，一边自己旋转，一边围绕太阳公转。

1781年3月13日，英国天文学家威廉·赫歇尔宣布他发现了天王星，这是人类历史上第一颗使用望远镜发现的行星。

为什么天王星看上去呈蓝色？

天王星的大气中富含甲烷，反射阳光中的蓝光，所以天王星看上去就呈蓝色了。

天王星也有自己的卫星吗？

目前天王星已知的天然卫星有27颗。

天王星的表面温度非常低，可低至零下200℃左右。

天王星上的昼夜很长吗？

很长。天王星围绕太阳公转时，它的每极都会迎来42年的阳光，而接下来便是42年的黑暗。

天王星也有光环吗?

有光环，但不如土星的光环明亮。

在地球上用肉眼可以直接观测到天王星吗?

可以。在气象条件极好的时候，天王星是能够被肉眼看到的。

海王星上为什么总刮风暴？

海王星是一颗气体行星。它自转一周的时间是16个小时，但它周围的大气层需要20多个小时才能运行一周。海王星的旋转与大气的旋转形成了错位，就造成星球表面风暴不断的现象。

为什么说海王星是“笔尖下发现的行星”？

海王星是天文学家利用科学知识预测而后证实的行星。

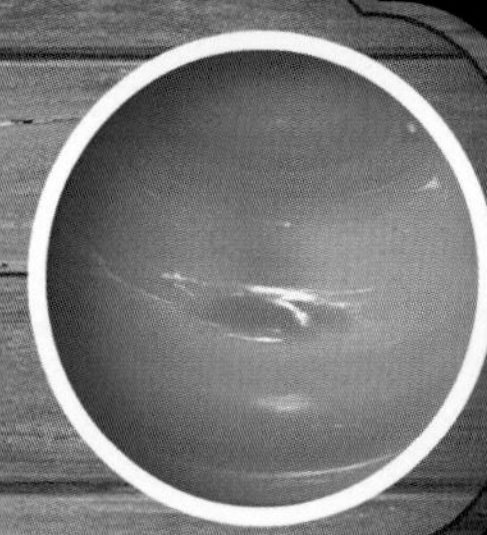

海王星是八大行星中距离太阳最远的行星，它到太阳的距离大约是地球到太阳距离的30倍。

海王星有多少颗卫星？

海王星的天然卫星至少有14颗。

海王星是蓝色的星球吗？

是的。海王星的大气层中有甲烷，反射阳光后呈现出蓝色。

海王星的周围有光环吗？

同天王星一样，海王星也有光环，不过海王星的光环十分暗淡。

有探测器拜访过海王星吗？

1989年，美国的“旅行者2号”探测器拜访过海王星。

海王星表面的风暴是太阳系中最强烈的，海王星表面正常的风速接近于龙卷风风速的4倍。

月亮为什么喜欢变换形状？

月亮的形状总是变来变去的，这些形状变换与它的旋转有关。月球绕着地球转，地球又绕着太阳转，只要三者的位置有所改变，月亮的形状就会发生变换。

月亮只在晚上出来吗？

月亮白天也挂在天上，由于太阳的光芒遮住了月亮反射的光芒，所以白天基本上看不到月亮。

月球上也有气候变化吗？

月球上没有空气，也没有水蒸气，因此不会出现气候的变化。

在地球上跳 1 米高，在月球上可以跳 6 米高呢！

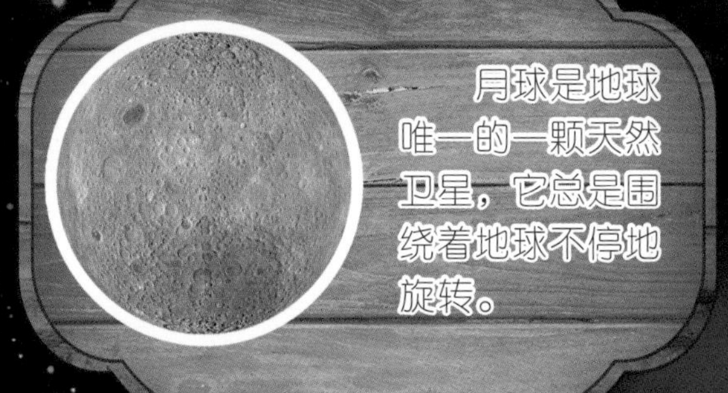

真的有“天狗吃月亮”吗？

“天狗吃月亮”指的是一种很特殊的自然现象——月食。

为什么月亮总喜欢跟着我们走？

月亮太大了，在地球上任何一个地方都能看见它，所以总感觉月亮在跟着我们走。

月球上也有山峰吗？

月球上的山峰叫作环形山，它是月球表面最显著的地形特征。

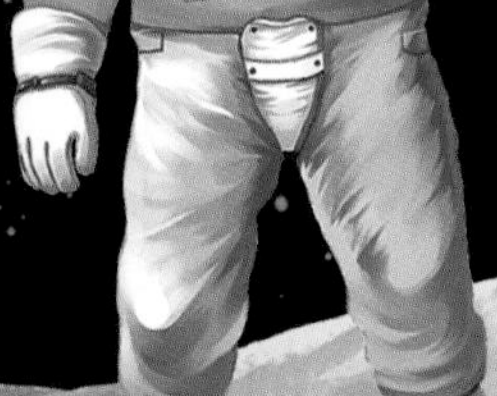

为什么会发生月食？

当月球运行到地球的阴影部分时，太阳、地球、月球恰好在同一条直线上，地球挡住了照射到月球上的太阳光，月球看起来仿佛缺了一块。这种特殊的天文现象就是月食。

公元前 2283 年美索不达米亚平原地区的月食记录是世界上最早的月食记录。

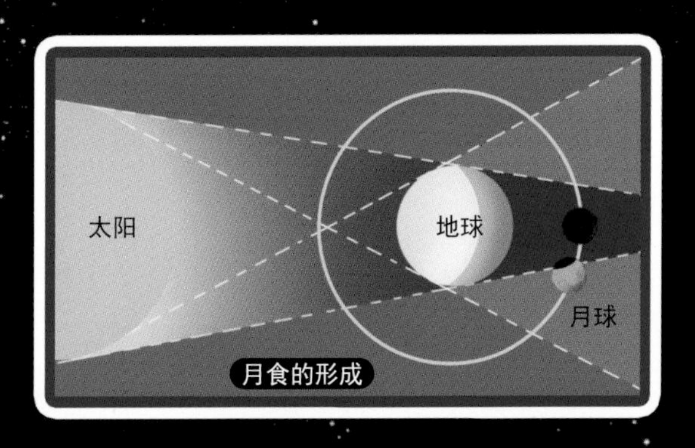

月食的形成

什么是月全食？

当月球全部被地球的影子遮住时，就产生了月全食。

为什么月食只可能发生在农历十五前后？

月食发生时，太阳、地球、月球几乎在同一条直线上，因此月食只可能发生在农历十五前后的晚上。

为什么老人常常说月食是“天狗吞月”？

过去人们不懂得月食发生的科学道理，对它感到恐惧，以为月亮是被天狗吃了，于是就流传着“天狗吞月”的说法。

什么是月偏食？

当月球的一部分被地球的影子遮住时，就会出现月偏食。

月食现象经常发生吗？

不是。每年发生月食的次数一般为两次，有些年份甚至一次月食也不发生。

在 20 世纪共发生了 230 次月食。

为什么日食发生在农历初一而不是农历十五？

当月球位于太阳和地球中间，而且这三个天体沿着同一条直线排列时，就会出现日食。这种情况只能在每个农历月的第一天出现，所以日食通常发生在农历初一而不是农历十五。

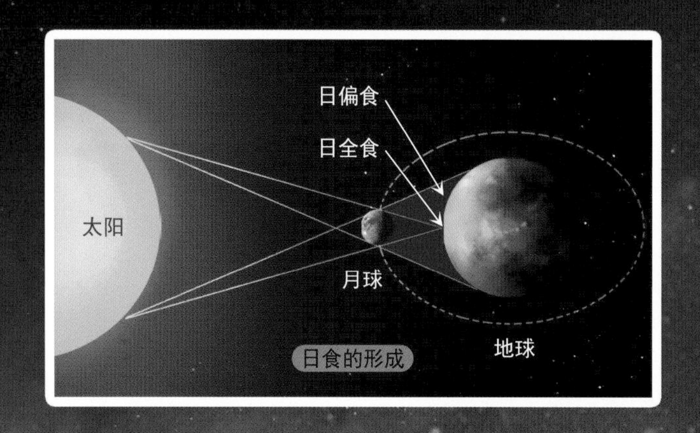

日食的形成

为什么会产生日食？

当月球运行到太阳与地球之间，月球挡住了太阳的一部分光线，于是就产生了日食。

什么是日全食？

太阳完全被月球遮住时，就形成日全食。

什么是日偏食？

太阳的一部分被月球的阴影遮盖，但另一部分仍继续发光，形成日偏食。

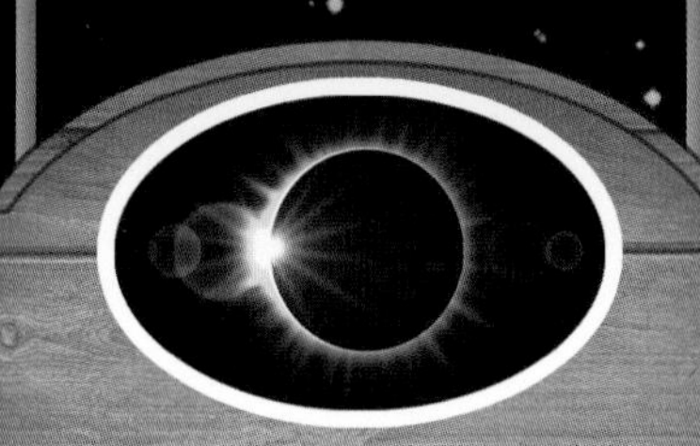

我国有世界上最古老的日食记录，公元前1000多年已有确切的日食记录。

为什么不能用肉眼直接观测日食？

观测日食时不能直视太阳，因为太耀眼的阳光会伤害我们的眼睛。

什么是日环食？

月球运行至太阳和地球中间时，太阳光中间部分被月球挡住，不能照射到地球上来，形成一个环绕在月球阴影周围的亮环，这就是日环食。

四川攀枝花曾经出现的日环食，艳似红宝石！

星云是一种"云彩"吗？

星云并不是天空中普通的云彩，它是由气体和尘埃组成的呈云雾状外表的天体，位于太阳系以外、银河系以内的区域里。由于它的外形和云雾非常相像，所以人们称它为星云。

什么是暗星云？

暗星云是银河系中不发光的弥漫物质所形成的云雾状天体。

星云的体积很大吗？

很大。一个普通星云的直径可达 20 光年。

星云都有哪些种类?

根据明亮程度，星云分为亮星云和暗星云；根据形状，星云可分为弥漫星云、行星状星云等。

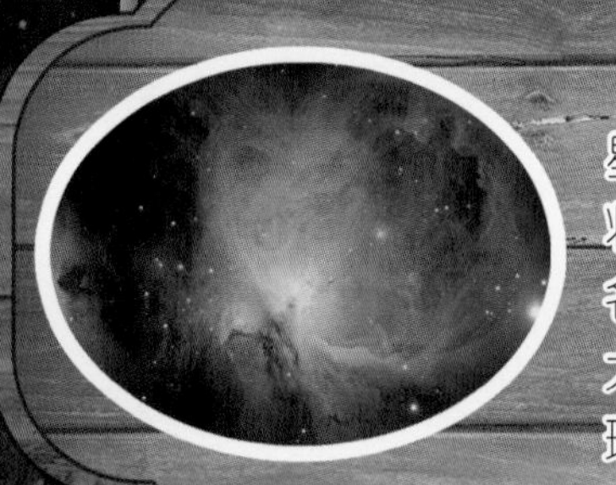

人们常根据星云的位置或形状对星云进行命名，例如猎户座大星云、天琴座环状星云等。

星云和恒星有什么区别?

与恒星相比，星云具有质量大、体积大、密度小的特点。

弥漫星云是怎样的?

弥漫星云和天空中的云彩差不多，没有明显的边界，星云常常呈现出不规则的形状。

一个普通星云的质量相当于上千个太阳的总质量。

彗星为什么拖着长长的尾巴？

彗星是太阳系中一位很特殊的成员。当它环绕太阳运行时，受到太阳风和太阳光的压力，会从彗头抛出大量的尘埃颗粒，延伸成一条长长的彗尾。

彗尾有多长？

彗尾的长度大多在1000万千米到1.5亿千米之间。

太阳系中有多少颗彗星？

目前人们已发现绕太阳运行的彗星有1600多颗。

著名的哈雷彗星绕太阳运行一周的时间为76个地球年。

彗星的彗尾会消失吗？

彗星远离太阳后，逐渐变冷，尾部就会不断缩小直至消失。

彗星靠近太阳时，会在太阳光照射下源源不断地散发出气体，并抛出尘埃，使得它看似一个“脏雪球”。

彗星由哪几部分构成？

彗星由彗核、彗发、彗尾三部分组成。

为什么有人说彗星是“扫帚星”？

彗星的形状像扫帚，所以俗称“扫帚星”。

为什么天空中会出现流星？

有时我们会看到夜空中闪过一道亮光，一颗星星从天空中划过。它就是流星，一种很常见的天文现象。当流星体闯进地球的大气层时，会与大气发生摩擦，燃烧发光，于是我们就看到了发光坠落的流星。

什么是流星雨？

流星雨是成群的流星从天空中同一个辐射点发射出来而形成的特殊天文现象。

流星有多少种？

流星包括单个流星、火流星和流星雨三种。

为什么流星会发出光芒？

流星体与大气摩擦燃烧时，会发光，并会形成一条光迹。

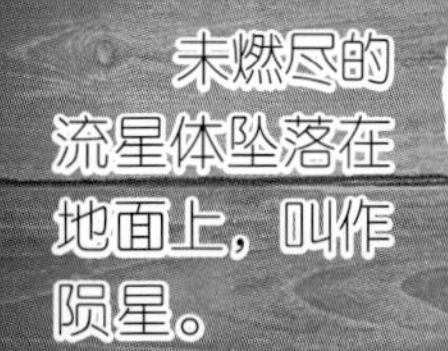

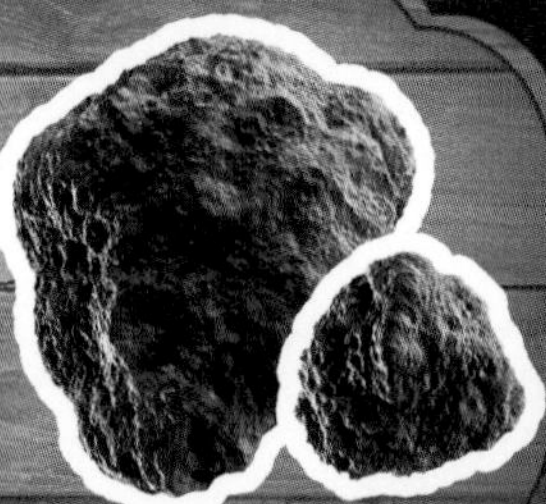

流星雨也有名字吗？

通常按流星辐射点所在的星座或附近比较明亮的星星给流星雨命名，例如狮子座流星雨、宝瓶座流星雨等。

什么是火流星？

火流星是一种偶发流星。它通常亮度非常高，像一条闪闪发光的巨大火龙划过天际。

流星体的速度非常快，可达 72 千米/秒。

为什么南极的陨石特别多？

科学家在南极找到了很多陨石，难道陨石坠落在南极的概率比其他地方的大吗？其实陨石出现在世界各个角落的概率差不多。只是南极被冰雪覆盖，坠落的陨石更容易保存完好，而且更容易被人们发现。

陨石是由什么组成的？

陨石由铁、镍、硅酸盐等物质组成。

陨石的故乡在哪里？

在太阳系中，火星和木星的轨道之间有一条小行星带，它就是陨石的故乡。

什么是陨石？

地球以外的宇宙流星或尘埃碎块，脱离原有运行轨道后，散落到地球表面的物质就是陨石。

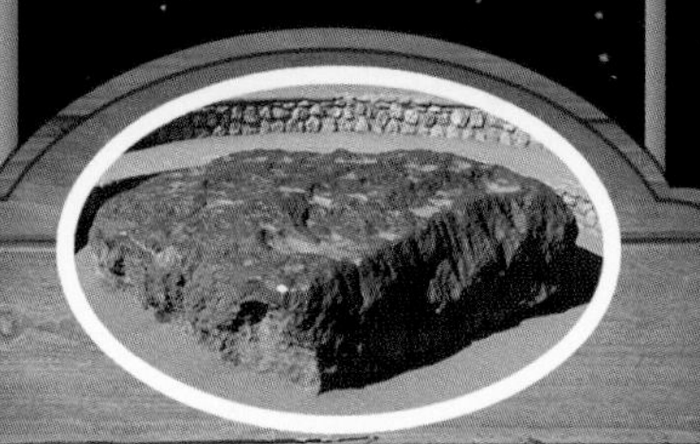

目前世界上保存最大的铁陨石是非洲纳米比亚的戈巴铁陨石，重约60吨。

为什么陨石都没有棱角？

陨石在大气层中经过燃烧磨蚀后，都变得无棱无角了。

陨石可以分为几类？

陨石可以分为三大类：石陨石、铁陨石和石铁混合陨石。

瑞典的穆阿尼纳鲁斯塔铁陨石是目前人们发现的世界上最古老的陨石，100万年前就落在地球上了。

黑洞是个什么“洞”？

严格来讲，黑洞并不是个“洞”，而是宇宙空间内存在的一种特殊天体。黑洞体积不大，但是密度却非常大。最可怕的是，它具有极其强大的引力，就像个“无底洞”，会把周围任何物质都吸进去，连光都无法逃脱。

谁第一次提出“黑洞”的概念？

20 世纪 60 年代，美国物理学家约翰·惠勒首次将“黑洞”作为一个科学术语提出。

宇宙中有很多黑洞吗？

宇宙大部分星系的中心都隐藏着一个超大质量的黑洞。

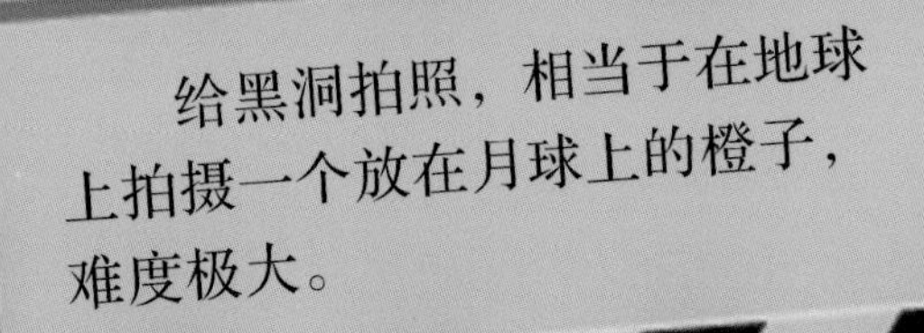

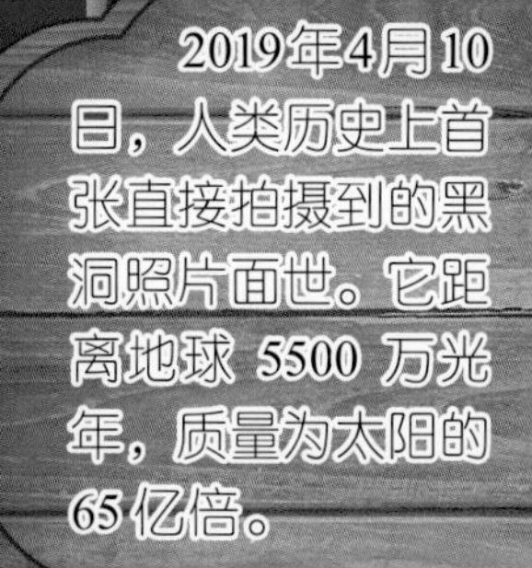

2019年4月10日，人类历史上首张直接拍摄到的黑洞照片面世。它距离地球5500万光年，质量为太阳的65亿倍。

什么是事件视界？

事件视界指的是黑洞的表面。事件视界不是物质构成的表面，它只代表了黑洞的“势力范围”。

黑洞事件视界以内是什么？

每个黑洞的事件视界以内几乎是空的，只包裹着一个（理论上）质量很大、体积无穷小的奇点。

黑洞会毁灭吗？

当黑洞的质量越来越小时，它的温度会越来越高，还可能会发生爆炸。

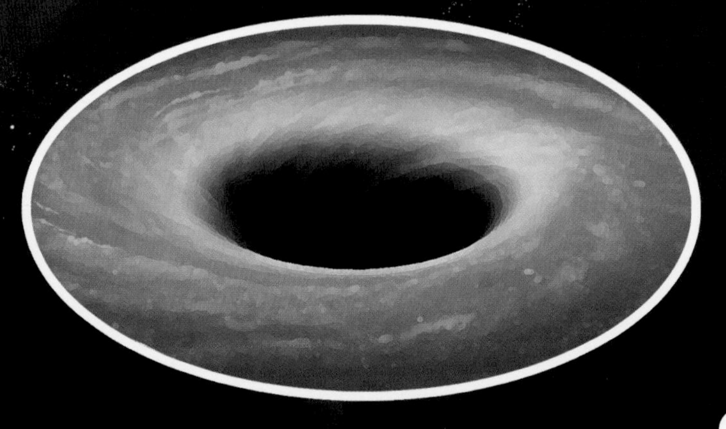

为什么北极星能指示方向？

夜晚人们常常利用北极星来判断方向。北极星是靠近天空正北方的一颗亮星，用肉眼就可以看到它，只要找到北极星就可以辨别东南西北。所以，千百年来人们都利用北极星来辨别方向。

北极星

北极星是一颗孤独的星星吗？

不是。北极星是一个三合星系统，身边还有两颗伴星。

为什么北极星看起来一动不动？

因为地球是围绕着地轴进行自转的，而北极星与地轴的北部非常接近，所以我们夜晚看天空，感觉北极星是几乎不动的。

北极星距离地球约 434 光年。

北斗七星
北极星
正北
北极星是小熊座中最亮的一颗恒星。它处于“小熊”的尾巴尖端。
我们能永远用北斗七星寻找北极星吗？
不能。宇宙间一切物体都在运动和变化之中，北斗七星组成的图形也会发生变化。
怎样才能找到北极星？
首先找到大熊座中的北斗七星，然后将斗口的两颗星连线，朝斗口方向延长约 5 倍远，就可以找到北极星。
北极星有什么作用？
北极星可以帮助人们在野外活动、航海旅行时寻找方位。
N
W
E
S

为什么火箭能飞上天空？

火箭飞行的时候，燃料迅速燃烧，产生大量的高温燃气。这些燃气以极快的速度向后喷出，气体产生的反作用力就会促使火箭向前飞行。

火箭为什么要垂直发射？

垂直发射能使火箭尽快地穿过浓密的大气层，从而进入高空飞行。

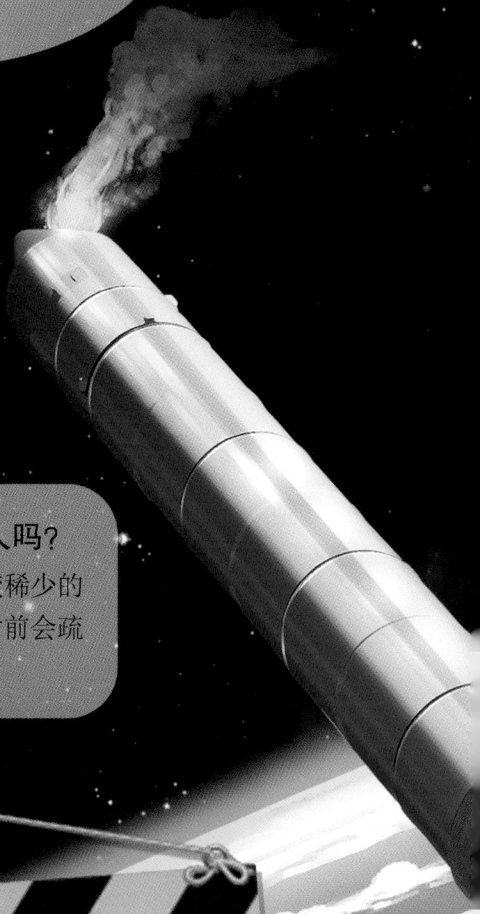

为什么火箭的头部是尖尖的？

火箭尖尖的头部，是为了减小在飞行中空气所带来的阻力。

火箭上掉下来的东西会伤到人吗？

不会。人们通常选择人口比较稀少的地区作为火箭残骸落区。火箭发射前会疏散该地区居民，实行戒严。

2019年6月5日，“长征十一号”运载火箭在我国黄海海域成功实施首次海上发射，将七颗卫星送入预定轨道，填补了我国运载火箭海上发射空白。

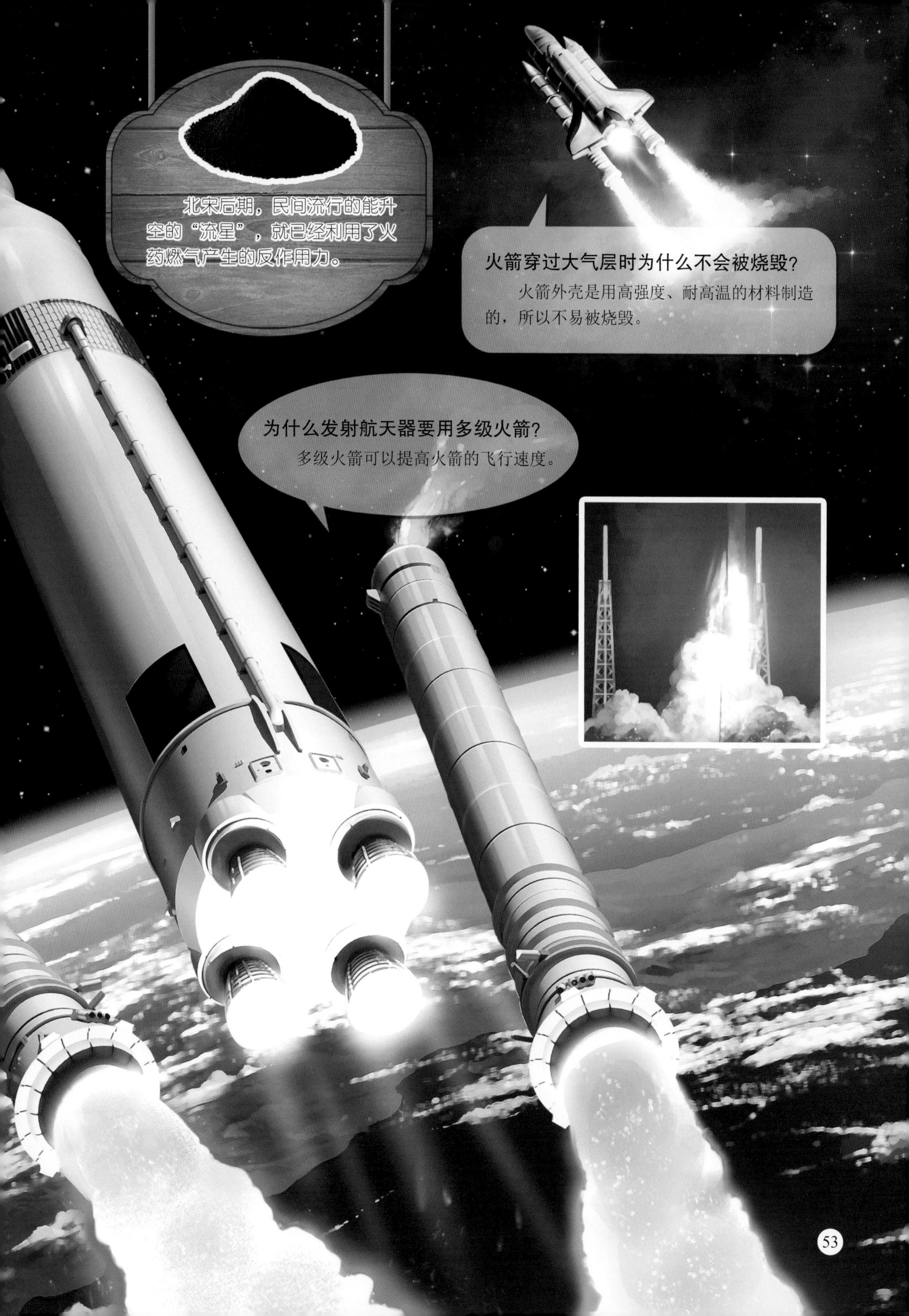
北宋后期，民间流行的能升空的“流星”，就已经利用了火药燃气产生的反作用力。
火箭穿过大气层时为什么不会被烧毁？
火箭外壳是用高强度、耐高温的材料制造的，所以不易被烧毁。
为什么发射航天器要用多级火箭？
多级火箭可以提高火箭的飞行速度。

我们为什么需要人造地球卫星？

人类向太空发射了许多颗人造地球卫星。人造地球卫星具有站得高、看得远的特点。它就像“千里眼”和“顺风耳”一样，能够在气象、海洋、通信、军事等领域进行观测，给我们的生活带来很多方便。

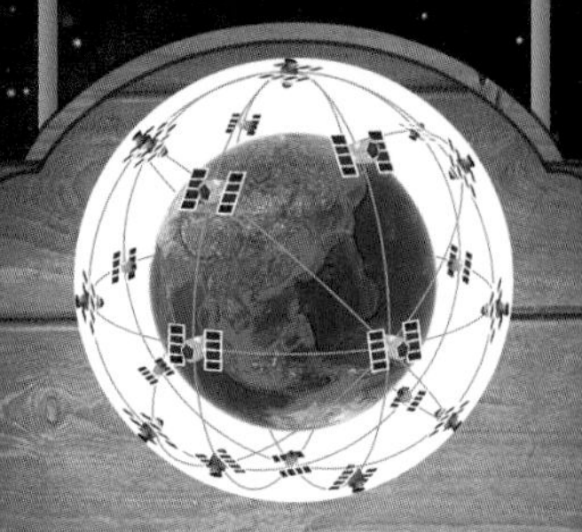

一颗通信卫星可以容纳上万路电话，可以进行多路电视通信，还可以进行数据、文字、图像传输和移动通信。

人造地球卫星是如何观察地面情况的？

卫星上的遥感设备能通过紫外线、红外线以及微波，感受地面物体的电磁波反射及辐射。

人造地球卫星按运行轨道高度可分为几种？

三种，分别是低轨道卫星、中轨道卫星和高轨道卫星。

人造地球卫星主要采用什么为自己提供能源？

人造地球卫星大多采用由数块太阳能电池板连接而成的太阳翼，为自己提供能源。

为什么要用卫星进行通信？

通过卫星中转通信信号，可以实现远距离的信号传输。

第一颗人造地球卫星是什么时候发射的？

1957 年 10 月 4 日，苏联把人类历史上第一颗人造地球卫星送上了太空轨道。

一颗人造地球卫星发射的微波信号，能够覆盖地球表面积的 40%。

人造地球卫星为什么不会掉下来？

人造地球卫星飞上太空以后，会产生一种离心力，同时还会感受到地球对它的引力。因为离心力和地球引力相互保持着平衡，所以人造地球卫星不会从空中掉下来。

为什么人造地球卫星环绕地球的轨道不一样？

不同用途的卫星，轨道也各不相同。

为什么人造地球卫星能上天？

火箭能把人造地球卫星送上天，使它按预定的轨道绕地球旋转。

为什么人造地球卫星在太空不会随意翻滚？

因为每一颗人造地球卫星在太空中飞行时，它的飞行姿态都是事先设定好了的。

人造地球卫星是发射数量最多、用途最广、发展最快的航天器，发射数量占航天器发射总数的90%以上。

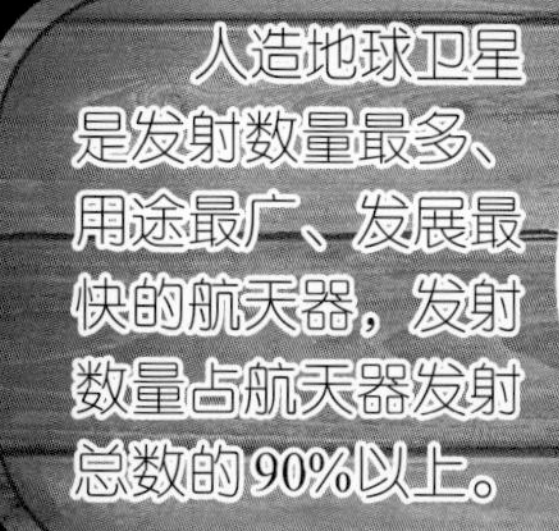

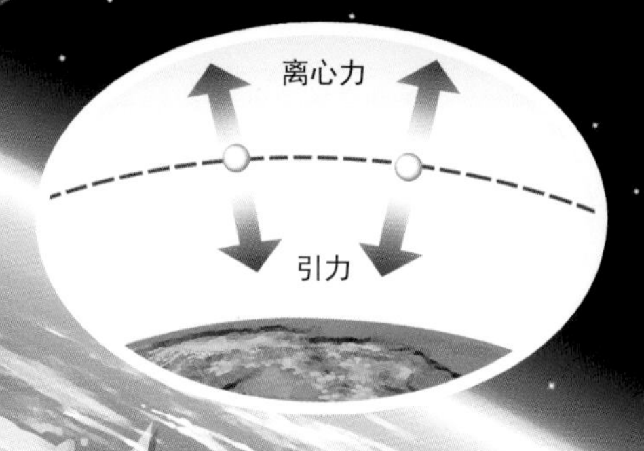

人造地球卫星为什么总是在夜间发射?

在夜晚发射卫星，卫星上天后，太阳正好以最大的夹角照在太阳能蓄电池上，卫星就能以最佳角度接受太阳能了。

自 20 世纪 50 年代以来，人类已先后发射了 5000 多个人造航天器。

你知道中国第一颗人造卫星吗?

1970 年 4 月 24 日，中国第一颗人造地球卫星——“东方红一号”由“长征一号”运载火箭成功送入太空轨道。

为什么现在的宇宙飞船飞不出太阳系？

宇宙飞船并不是飞不出去，只是速度太慢。假如宇宙飞船的速度大约为 20 千米/秒，那么宇宙飞船可能要飞 3 万年才能飞出太阳系。

什么是宇宙飞船？

宇宙飞船是一种运送航天员、货物到达太空并安全返回的航天器。

宇宙飞船是一次性使用的吗？

宇宙飞船分为一次性使用与可重复使用两种类型。

宇宙飞船太空行动一般持续 7～8 天，目前最多可延长到 14 天。

神舟飞船是我国自行研制的载人飞船，截至2019年，我国已经发射到了第十一号。

宇宙飞船有哪几种构造形态？

宇宙飞船有单舱型、双舱型和三舱型这三种构造形态。

宇宙飞船重返大气层时，会有什么困难？

宇宙飞船重返大气层时，会和空气摩擦产生大量的热量，导致飞船温度升高甚至烧毁。

宇宙飞船的氧气是无限的吗？

宇宙飞船虽然带有足够多的液氧储备，但也必须在储备用完之前返回地面。

什么是空间站？

空间站又叫作太空站、航天站，是一种在近地轨道长时间运行的航天器。空间站内有满足人生活的所有设施，航天员可以在空间站里面长期工作和生活。

宇航员在空间站可以待多久？

宇航员能在空间站生活几个月。

国际空间站的组成部分有哪些？

国际空间站由航天员居住舱、实验舱、服务舱、对接过渡舱等组成。

中国天宫空间站由哪几部分组成？

天宫空间站由天和核心舱（2021 年 4 月 29 日发射）、梦天实验舱（2022 年 3 月发射）、问天实验舱（2022 年 7 月 24 日发射）、载人飞船“神舟”系列和货运飞船“天舟”系列五个模块构成。

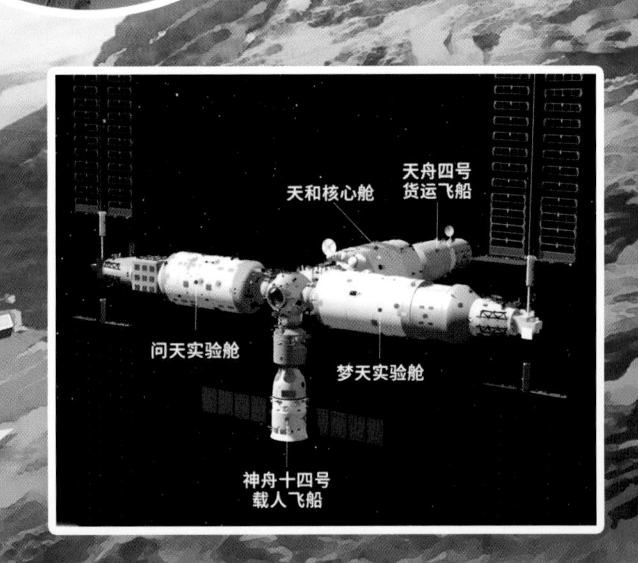

什么是“和平号”空间站？

“和平号”空间站是苏联建造的一个轨道空间站，是人类首个可长期居住的空间研究中心。

“礼炮一号”空间站是苏联首个空间站，也是人类历史上首个空间站，于1971年4月19日发射升空。

为什么要建国际空间站？

国际空间站可以为未来人类漫长的载人星际航行和向外星移民做准备。

空间站内部跟一套房子差不多，有卧室，有窗户，还有一个可以观察地球和宇宙的大窗户。

宇航员如何在太空中行走？

宇航员在太空行走时，早期需要用脐带式的保障系统，将身体与航天器连起来。由于“脐带”长度一般不超过 5 米，所以宇航员不能走太远。现在的新式宇航服带有载人机动装置，宇航员可以在距离航天器 100 米的地方自由活动。

有女性宇航员吗？

有。女性宇航员的人数正在逐年增加。

宇航员的选拔很严格吗？

很严格。由于宇航员工作环境的危险性极高，所以世界各国对宇航员的选拔要求是非常严格的。

为什么宇航员用跳跃方式在月球上行走？

月球上的重力是地球上重力的 1/6，在月球上跳跃行进比直接行走方便很多。

太空舱里没有重力，几百吨、上千吨的物品用手轻轻一推就推走了。
身体素质好的人才能当宇航员吗？
当宇航员既要身体素质好，也要心理素质好。
为什么宇航员要穿又厚又重的宇航服？
宇航服能有效避免空间粒子和宇宙射线对人体的危害，保护宇航员的安全。
宇航员在国际太空站遭受到的辐射量大约是在地球上的20倍。

空间探测器有人驾驶吗？

空间探测器主要对远方天体和空间进行探测。它在宇宙空间里能够长期飞行，并具有强大的自我导航能力。但是，由于飞行所经空间环境恶劣，所以空间探测器都是无人驾驶的。

“嫦娥四号”探测器在人类历史上首次实现了航天器在月球背面软着陆和巡视勘察，首次实现了月球背面同地球的中继通信。

空间探测器包括哪些类型？

空间探测器按探测的对象，可分为月球探测器、行星和行星际探测器、小天体探测器等。

为什么有的空间探测器有特殊防护结构？

有的空间探测器要承受非常严酷的空间环境考验，所以需要采用特殊防护结构。

空间探测器都使用太阳能电池吗？

外行星探测器不能采用太阳能电池，一般采用核能源系统。

空间探测器是怎样飞入太空的？

空间探测器离开地球时，必须获得足够大的速度才能摆脱地球引力，进入太空。

空间探测器的飞行速度能有误差吗？

不能。必须非常精确，稍有误差，到达目标行星时就会出现很大偏差。

火星探测器入轨时，速度误差 1 米/秒，到达火星时距离偏差约 10 万千米。

为什么天文台都建在山上？

世界上大部分天文台都建在高高的山顶上。这是因为地球周围有一层大气，大气中的烟雾、尘埃等都会影响天文观测。山顶上空气稀薄，烟雾、尘埃比较少，更适合进行天文观测。

我国有自己的天文台吗？

有。我国有紫金山天文台、上海天文台等。

海底也有天文台吗？

有些天文台建在漆黑的海底，它们的工作目标是捕捉特殊的天文信息。

为什么格林尼治天文台很有名？

格林尼治天文台为全世界提供了世界上最标准的时间。

天文台有哪几种类型？
天文台分为光学天文台、射电天文台和空间天文台这三种类型。
1609年，意大利天文学家加利略制作了世界上第一架天文望远镜，标志着天文学从此进入了望远镜时代。
被誉为“中国天眼”的500米口径球面射电望远镜，是目前世界上最大的单口径射电望远镜，它的反射面有30个足球场那么大。
为什么天文台喜欢戴“圆帽子”？
天文台的圆顶是观测室，可以转动，以便看到天空任何方向的目标天体。

图书在版编目（CIP）数据

中国儿童太空百科全书 / 刘鹤著 . -- 济南 : 山东科学技术出版社 , 2023.3
（写给中国儿童的百科全书）
ISBN 978-7-5723-1585-5

Ⅰ . ①中… Ⅱ . ①刘… Ⅲ . ①宇宙—儿童读物 Ⅳ . ① P159-49

中国国家版本馆 CIP 数据核字 (2023) 第 037833 号

中国儿童太空百科全书
ZHONGGUO ERTONG TAIKONG BAIKE QUANSHU

责任编辑：张洋洋
装帧设计：武汉艺唐广告有限公司

主管单位：山东出版传媒股份有限公司
出 版 者：山东科学技术出版社
地址：济南市市中区舜耕路 517 号
邮编：250003 电话：（0531）82098088
网址：www.lkj.com.cn
电子邮件：sdkj@sdcbcm.com
发 行 者：山东科学技术出版社
地址：济南市市中区舜耕路 517 号
邮编：250003 电话：（0531）82098067
印 刷 者：武汉鑫佳捷印务有限公司
地址：武汉市黄陂区横店街临空北路江恒工业园 2 栋
邮编：430000 电话：（027）87531181

规格：16 开（210 mm × 285 mm）
印张：4.5 **字数：**45 千 **印数：**1~10000
版次：2023 年 3 月第 1 版 **印次：**2023 年 3 月第 1 次印刷
定价：89.00 元